SPÉCIALE DE LA VIGNE

(OIDIUM TUCKERI)

EXPOSÉ SUCCINCT

d'études,
d'observations et d'expériences sur ses caractères,
sa marche et son traitement,

ET SUR

UN MOYEN SIMPLE

expéditif et même économique

DE LA PRÉVENIR OU DE LA GUÉRIR,

Par A. ROBOÜAM, D. M. P.
ANCIEN INTERNE DE L'HOTEL-DIEU, ETC.

PARIS.
DUSACQ, LIBRAIRIE AGRICOLE DE LA MAISON RUSTIQUE,
Rue Jacob, n° 26.
Et chez tous les libraires de la France et de l'étranger.
1854.

MALADIE SPÉCIALE

DE LA VIGNE.

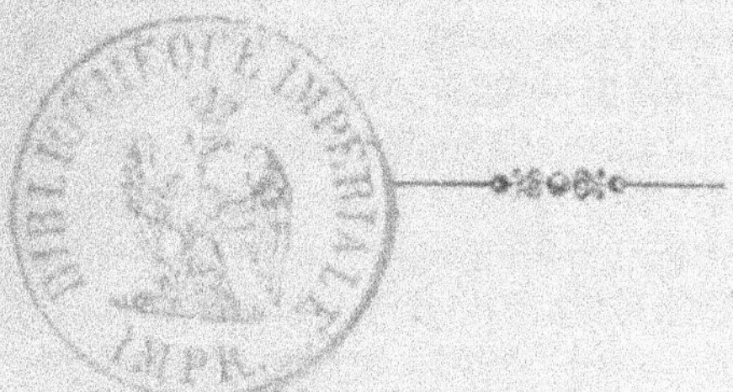

Il me semble qu'on ne doit pas appeler *maladie des raisins* une affection qui attaque toutes les parties vertes et vivantes de la vigne, qui, le plus souvent, sinon toujours, commence par les jeunes pousses, les feuilles, puis s'étend au raisin, qui, lorsqu'elle est intense et prolongée, leur porte une atteinte tellement profonde, qu'ils dépérissent, se dessèchent et meurent ; que le vieux bois et le cep lui-même finissent par être frappés de mort.

D'où vient cette maladie? — Si l'on en croit les récits généralement accrédités, elle parut, pour la première fois, en Angleterre, en 1846, dans les serres et les espaliers d'un jardinier de Margate nommé Tucker. De l'Angleterre elle passa en Belgique et fut signalée en France seulement en 1849, d'abord dans les serres de M. Rothschild, puis dans celles d'un très-habile primeuriste, M. Gontier, à Montrouge.

Je dois placer ici une observation qui va prouver combien, en fait d'histoire, il est difficile d'en faire une exacte. Voici ce que j'ai publié en 1850 (in-8°, impr. Cosse et Dumaine) :

Au mois d'août 1847, je faisais remarquer à plusieurs personnes, entre autres à mon ami F. Gall, une affection que je voyais pour la première fois et qui attaquait les parties vertes de quelques vieux ceps longeant un carré de pommes de terre très-malades. Je prenais une branche de la pomme de terre et une branche de la vigne, j'établissais l'étonnante analogie de leurs altérations, la ressemblance des taches brunes et noires, de l'atteinte profonde portée à la résistance de leurs tissus devenus cassants *net* comme du verre, etc., etc. En 1847 j'étais donc envahi par le fléau. Je suis ainsi persuadé que même dès 1846 la maladie existait chez moi, mais très-circonscrite.

Comment m'était-elle venue? — Je n'en sais rien. Pas plus que l'on ne peut savoir comment elle est allée à la Guadeloupe et ailleurs.

Tout le monde sait aujourd'hui ce que Pline dit :

« Est etiam num peculiare olivis et vitibus (araneum vocant) quum veluti telæ involvunt fructum et absumunt. »

C'est bien laconique pour un si grand fléau. Il me paraît douteux que ce grand naturaliste se fût borné à une énonciation si courte, si la maladie eût eu la gravité qu'elle a de nos jours. Avant lui et après lui, on ne trouve rien qui établisse que la maladie actuelle fût connue.

Quels sont les caractères de cette maladie? — Depuis 1847, que malheureusement j'observe le fléau, pour ainsi dire jour par jour, il m'a paru avoir deux modes d'invasion : tantôt il marche avec lenteur, s'étend progressivement ; d'autres fois, il paraît brusquement, spontanément et d'une manière générale. Ces deux modes tiennent, selon toute apparence, à des conditions atmosphériques différentes dont nous parlerons plus loin.

Dès le mois de juin, parfois même dès la fin de mai, sur quelques rameaux d'espalier, on remarque un air de souffrance; les feuilles sont jaunâtres, gaufrées ou marbrées; il n'est pas rare de voir ces rameaux et ceux en apparence bien portants, du même cep, se couvrir plus ou moins de grains blancs, gommeux, comme on en remarque sur les cucurbitacées, surtout avant d'être atteintes du blanc (oïdium erysiphoïdes).

Au bout de 10 à 15 jours, ces branches se maculent de taches brunes et noires, et puis l'oïdium (1) paraît sur le lieu de ces taches et souvent aussi sur d'autres points : sur les feuilles, leurs pétioles, sur le fruit, surtout sur le pédicelle du grain non encore formé. Jusque-là, le mal est partiel, borné; il ne s'étend presque pas.

Du 20 juin au 20 juillet, un plus grand nombre de ceps est envahi, et, suivant les circonstances favorables ou contraires, il marche plus ou moins rapidement. Toutefois, on peut encore alors constater comme une espèce d'incubation. Le beau vert de la première végétation se ternit, les feuilles sont jaunâtres, gaufrées, comme marbrées; des taches brunes et noires se montrent, puis apparaît l'oïdium.

Je donne à cette marche le nom de lente par opposition à celle que nous avons appelée brusque. En effet, le mal a paru jusque-là borné à quelques ceps, à quelques parties de vigne, parfois même on n'a point encore constaté sa présence et on s'applaudit de la belle végétation, de la bonne santé des vignes; on est arrivé ainsi vers la dernière quinzaine de juillet, souvent même plus loin.

Eh bien! ces vignes que l'on a visitées, qu'on a trouvées si belles, si bien portantes, apparaissent quelques jours plus tard couvertes de la funeste poussière d'un blanc sale, répandant une odeur de moisissure, de poisson pourri, qui, ainsi que je l'ai maintes

(1) C'est-à-dire les tigelles verticales cloisonnées.

fois éprouvé, irrite les yeux, provoque l'éternuement et la toux. Cette poussière, qui n'est que l'oïdium, est tellement abondante, que toutes les parties vertes de la vigne en sont comme saupoudrées, il y en a partout.

En général, cette poussière n'est pas précédée, du moins en apparence, comme dans l'invasion précédente, de taches brunes et noires; mais un observateur attentif aurait vu, quelques jours auparavant, que les parties vertes étaient moins brillantes, qu'elles étaient un peu ternes, et, à l'aide d'une bonne loupe, il aurait constaté de petites places pointillées de blanc, il aurait pu suivre, *comme dans l'invasion lente*, leur développement rapide. En effet, ces points sont des filaments qui s'allongent en rampant, s'étendent en tout sens sous forme de fils extrêmement ténus, de manière à former un lacis inextricable. Bientôt, de ces filaments rampants, naissent des milliers, ou plutôt une vraie forêt de filets verticaux, annelés; chaque cellule est séparée par une cloison ou diaphragme. Elles sont ordinairement au nombre de trois à huit, rarement moins ou plus. Parfois, surtout en juin ou fin de septembre, c'est un tube cylindrique offrant des cloisons ou diaphragmes à peine visibles, surmonté d'une à deux cellules ovoïdes plus volumineuses. Sur les filaments rampants, et souvent à l'origine du pédicelle des filets verticaux cloisonnés, et même sur ceux-ci, on aperçoit des cellules ovoïdes brunâtres, seules et sessiles. Je les avais toujours prises pour des cellules détachées des filets verticaux; en effet, dans ceux-ci la cellule supérieure est la plus volumineuse, elle prend une couleur d'un blanc terne, s'incline sur la suivante, et celle-ci, à son tour, sur celle qui la suit, de manière à former, par leur réunion, une espèce de massue, ou bien elles se détachent et sont emportées par les vents, ou s'affaissent et tombent sur les filaments rampants entre-croisés qui leur donnaient naissance. Ceux-ci forment bientôt des croûtes brunes ou noires, que l'on peut enlever avec assez de facilité, surtout celles qui sont sur les grains. La surface, ainsi mise à nu, est déprimée et présente l'épiderme aminci, mais vert, et en apparence parfaitement sain. Au moyen d'une forte loupe, et même du microscope, je n'ai pu y apercevoir aucune solution de continuité, aucune trace de perforation, d'ouvertures anormales. Ces filaments rampants ne m'ont point offert de racines, de crampons, ils m'ont toujours paru juxtaposés. Quelquefois, sur les rameaux surtout, les filaments rampants sont stériles, c'est-à-dire qu'ils ne donnent point de semences oïdiques. Malgré cela, il y a taches brunes et noires, et altération des tissus.

Si les taches brunes, les croûtes noires des grains peuvent être enlevées, celles des rameaux, des tiges des rafles, des feuilles et de leurs pétioles sont généralement indélébiles. Il n'y a pas de grattage, de frottage qui, à une certaine époque, puissent les faire disparaître; avec elles, on enlève l'épiderme, et, celui-ci détruit ou enlevé, le tissu sous-jacent est brun ou noir aussi lui; et, si on a suivi les diverses phases par lesquelles il a passé, on aura vu dans le principe une augmentation de vitalité, un afflux plus grand de liquide auquel aura succédé une stase de ces liquides, puis la coloration en brun et en noir, coloration qui s'étend aux couches les plus profondes, et même jusqu'à la moelle.

Mais, au fur et à mesure que la maladie a marché, les tissus se sont altérés de plus en plus. Les feuilles recoquillées se sont brunies ou noircies, et parfois desséchées. Beaucoup, néanmoins, ont résisté, mais jaunies, marbrées et maculées. Les grains de raisins brunis, noircis, se sont réduits à rien, ou s'ils avaient une certaine grosseur, beaucoup se sont fendus selon leur grand diamètre, et ont montré leurs pépins; bientôt, ils se vident ou se sèchent. Ou s'ils résistent, ils sont déformés, et leur chair cassante est plutôt charnue que succulente, que sucrée. Le pétiole, maculé de taches noires, se casse net comme du verre. Les tissus sont comme désagrégés; le sarment partage ces altérations, il noircit, se sèche et meurt. Les ceps eux-mêmes périssent, mais non dans leurs racines, car j'en ai qui, *très-près du sol*, ont donné des jets vigoureux. Convenablement traités, ils sont demeurés, au milieu de l'infection, parfaitement sains, et pourtant, on ne saurait mettre en doute qu'une atteinte profonde avait été portée à l'organisme de la vigne; sarments, feuilles, fruits et même vieux bois ont péri.

La moelle, qui reste longtemps blanche, jaunit promptement, brunit et se dessèche; son tissu paraît désagrégé. Vers les extrémités de certains rameaux fortement atteints, elle manque même en partie. Le canal médullaire est creux. A la taille, on sent sous le sécateur que le bois malade est moins dur, moins résistant que le bois sain. J'avais cru que les racines souffraient aussi, parce que le plus souvent, sur les ceps très-malades, je les avais trouvées dépourvues de leur vieille écorce, corrodées, couvertes de moisissures, et leur chevelu pourri, parce que par la traction l'écorce venant à se rompre, on la séparait en longs tuyaux.

Si les caractères physiques, physiologiques et anatomico-pathologiques dénoncent une atteinte profonde portée à tout l'organisme, la chimie démontre aussi que les tissus, surtout le fruit, ont subi une viciation notable dans leurs éléments constitutifs. M. Payen, qui a soumis les pommes de terre, le blé carié, les betteraves, le raisin, etc., à des analyses nombreuses, a constaté, fait important, que les cryptogames si diverses, regardées comme cause de ces maladies, avaient toutes pour effet de faire pénétrer, dans les objets attaqués, des matières organiques azotées, et de consommer, en les transformant en eau et en acide carbonique, les éléments ternaires ou non azotés (fécule, amidon, glucose, sucre, cellulose), qu'ils font graduellement disparaître. Aussi, les raisins attaqués sont-ils peu ou point sucrés. M. le docteur Pardochi de Pise (Société linnéenne de Bordeaux, avril 1853), n'a pu, malgré tous les soins, réussir à faire du vinaigre blanc, le liquide a moisi ; moi-même, je n'ai pu obtenir leur fermentation qu'en y ajoutant une assez grande quantité de sucre et de levure.

J'étais loin d'espérer que l'opinion que j'ai le premier émise, de l'analogie des altérations de la pomme de terre, de la vigne, de la carie des blés, de la betterave, et d'une infinité d'autres végétaux basée sur l'analogie des caractères physiques, physiologiques et anatomico-pathologiques, serait aussi complétement confirmée par les recherches de M. Payen, qui est une autorité dans la science.

Ainsi donc, il ne paraît plus douteux que les causes les plus différentes, en agissant dans le même sens sur la nutrition des plantes, amènent des phénomènes morbides analogues, comme une viciation analogue dans leurs éléments constitutifs. Il serait très-intéressant et très-important de s'assurer si les plantes attaquées par certains insectes, et présentant des phénomènes analogues à ceux qu'occasionnent les champignons, subissent aussi dans leurs éléments constitutifs une transformation analogue. Cela me paraît probable, je pourrais dire certain; car les pucerons, les acariens, les coccus etc., se nourrissent surtout aux dépens des principes sucrés des plantes et c'est par la soustraction de ces principes qu'elles languissent, s'altèrent et meurent. Avant d'aller plus loin, je vais dire quelques mots de récents et importants travaux sur l'oïdium.

M. le docteur Zanardini de Venise a démontré sous le microscope que les filaments du mycelium de l'oïdium Tuckeri émettent, de distance en distance de leur côté inférieur, des espèces de crampons qui leur servent à la fois de moyen d'attache aux tissus sous-jacents et de suçoir. Cette découverte a reçu depuis la sanction de M. Hugo-Molh. Notre savant confrère, M. le docteur Montagne, a fait connaître dans une récente et excellente publication ce qui a trait à cette importante question.

Selon MM. Zanardini, Hugo-Molh, Montagne, etc., il ne saurait être élevé aucun doute sur ce point, à savoir : que ces espèces de crampons ou suçoirs sont les centres d'où part le champignon pour exercer son influence délétère sur la vigne, puisque c'est dans ces endroits que toujours commence l'altération de l'épiderme, altération que suit immédiatement celle des couches extérieures de l'écorce des rameaux et un arrêt de développement dans la peau du grain, etc.

M. Tulasne, de son côté, a fait sur l'oïdium Tuckeri des recherches très-importantes, qui l'ont conduit à le considérer comme un érysiphe réduit encore à ses deux modes secondaires de multiplication. 1° Cellules nues, acrogènes; 2° fruits polyspores; 3° reste à observer ses fruits ascophores pour sa détermination spécifique.

D'autre part, un savant aussi modeste qu'instruit,

le docteur Leveillé qui, depuis longtemps, a fait une étude approfondie des érysiphes m'a dit souvent : Il n'y a pas de différences sensibles, entre l'érysiphe necator, l'oïdium erysiphoïdes (*f.*) etc. et l'oïdium Tuckeri; c'est aussi l'opinion de M. Desmazières.

Pourquoi des hommes si éminents ne sont-ils pas parfaitement d'accord sur l'oïdium Tuckeri? — Cela tient aux lieux et aux moments divers où ils l'ont examiné, et aussi aux moyens d'investigation. Les instruments ne font pas toujours voir de la même manière ce qui existe, surtout à des grossissements extrêmes. Mais ce qu'ils ont toujours montré, et montrent à tout le monde de la même manière, c'est le mode de développement de l'oïdium Tuckeri : d'abord paraît sur les parties vertes un nébulus formé en apparence de points blancs, mais en réalité de filaments excessivement déliés se dirigeant en tout sens et se subdivisant à l'infini. De tous ces filets naissent des tigelles verticales en chapelets. Si nous voyons les filaments rampants s'étendre, se multiplier et engendrer celle-ci, nous ignorons complétement comment à leur tour celles-ci engendrent les filaments rampants? Quant et comment elles viennent se fixer sur les parties vertes, y germer? etc., etc. On ignore les lieux où elles hivernent, et comment de ces lieux elles peuvent être enlevées et portées sur la vigne? Il y a encore là un voile épais qui laisse dans les ténèbres des vérités de premier ordre pour la solution de l'étiologie de cette maladie. On ne sait même pas comment, au fort de l'infection, le mal se communique? Les essais tentés par d'autres et par nous n'ont rien donné de constant et de satisfaisant. Des sarments sains mis en contact avec des sarments malades sont demeurés sains, parfois ils sont devenus malades. Toutefois des ceps sains exposés à la poussière oïdique de ceps malades, portée par les vents, ont été plutôt et plus fortement atteints que d'autres.

A quelle époque paraît la maladie et à quelle époque finit-elle? — Depuis six ans que j'observe, pour ainsi dire jour par jour, le fléau, c'est toujours du 25 juillet au 25 août qu'il atteint son maximum d'intensité. Je ne l'ai même jamais vu général et grave avant les premiers jours d'août. Rarement aussi je l'ai trouvé redoutable après le 15 septembre. L'oïdium peut bien encore alors paraître, se développer et causer quelques dommages surtout si la température se maintient douce, mais il est loin d'avoir la même vigueur, et le raisin arrivé près de sa maturité en ressent beaucoup moins les effets funestes. Ainsi donc sous le climat de Paris c'est du 25 juin au 25 septembre que l'on voit en général paraître l'oïdium ; on doit comprendre que sous un climat plus chaud et par conséquent plus favorable à la végétation il peut paraître plus tôt. Il existe des conditions de chaleur et d'humidité pour son développement qui semblent d'autant plus favorables que la chaleur et l'humidité deviennent plus fortes, sans cependant être extrêmes, sans dépasser 35 degrés centigrades ; et d'autant plus contraires que la température baisse davantage. Les froids précoces que nous avons eus cette année, gelées des trois et quatre octobre, ont été tellement funestes à l'oïdium de la vigne, que le cinq octobre et jours suivants j'ai eu beaucoup de peine à en retrouver ; il est allé en s'affaiblissant de jour en jour, à ce point, qu'au vingt octobre il m'est impossible d'en trouver, bien que j'aie encore quelques jeunes sarments verts. Les froids n'ont pas seulement été funestes à l'oïdium de la vigne, ils l'ont été aussi aux oïdium erysiphoïdes de la bourrache, du ranunculus acris, du plantain, du ballota fetida, du souci, etc. Toutefois ceux-ci ont résisté plus longtemps ; au 15 novembre, seulement ils sont réduits à un magma grisâtre. Si les circonstances eussent été favorables, ces oïdium se seraient étendus aux plantes voisines et saines, et auraient continué leurs ravages, tandis que ces plantes sont restées intactes et bien portantes.

C'est, je crois, une observation qui peut nous faire espérer de voir un jour le fléau s'amoindrir, ou même cesser par le seul fait de circonstances atmosphériques contraires au développement de l'oïdium, ou funestes à ses semences, qui sont désorganisées par un froid de 2 à 6 degrés centigrades lorsqu'elles sont sur les plantes et à l'état de croissance ; en sera-t-il ainsi lorsqu'arrivées à la maturité elles auront été détachées et répandues dans l'espace?

Si l'analogie doit nous éclairer, nous devons avoir les plus justes craintes pour l'avenir ; car les oïdium erysiphoïdes existent depuis un temps immémorial et leurs semences n'ont point été détruites par les hivers les plus rigoureux.

Quelle cause produit un tel fléau? — Il serait trop long de rapporter les opinions diverses qui ont été émises. On peut toutefois les réduire à deux : ceux qui prétendent que le mal vient de l'intérieur : les intérioristes, et ceux qui soutiennent que le mal vient uniquement de l'extérieur : les extérioristes.

Les intérioristes disent : La preuve que le mal vient de l'intérieur, c'est que nous pouvons annoncer son apparition longtemps avant l'apparition de l'oïdium. Il y a d'abord souffrance, arrêt dans la végétation, les feuilles se crispent, se gaufrent et se marbrent, perdent de leur beau vert, ce caractère évident d'une belle et bonne végétation, puis surviennent des maculages en brun et en noir aux rameaux, etc. Ce n'est que consécutivement que paraît l'oïdium ; ils ajoutent : Une bonne fumure ou certains composts mis au pied des ceps préservent ou guérissent, etc., c'est bien évidemment en modifiant les sucs nourriciers.

Les extérioristes ont des motifs non moins plausibles en faveur de leur opinion ; la preuve que le mal procède de l'extérieur, c'est que vous n'avez qu'à détruire sa cause, l'oïdium, n'importe comment, toujours et partout, où il n'existera pas, le mal n'aura pas lieu. C'est donc bien lui qui est l'unique cause du mal, implanté sur les jeunes rameaux, les feuilles, les fruits; il vit à leur dépens, vicie les sucs nourriciers et cause tous les ravages que vous observez. Détruisez-le, ou empêchez-le de se développer et aussitôt la vigne revient à la santé.

Il paraît difficile de donner de meilleures raisons et pourtant j'hésitais encore à me ranger au bord des extérioristes; je me disais : Ces opinions, en apparence si différentes, sont peut-être fondées l'une et l'autre, il en est peut-être de cette maladie comme de certaines maladies éruptives chez l'homme, de la variole, la rougeole, la scarlatine, certains erysipèles, etc., qui sont bien évidemment des affections qui procèdent de l'intérieur, qui tiennent à un état particulier et anormal du sang et des liquides et qui, néanmoins, peuvent être prévenues ou guéries totalement ou partiellement par des agents *internes ou externes ;* qui, nées sans causes connues appréciables, spontanément peut-on dire, envahissent bientôt une localité, s'étendent promptement à une province, à un empire, etc., qui peuvent être, à une certaine époque, inoculées, par conséquent procéder de l'extérieur et qui, dans l'un comme dans l'autre cas, si on arrête l'éruption à son début laissent l'individu en santé. La disparition de l'oïdium et le retour aussitôt à la santé de la vigne malade ne démontrent pas davantage invinciblement que le champignon est tout. En effet, le pathologiste ne serait-il pas tout aussi fondé que le mycologiste à soutenir que les poussières variolique, scarlatineuse, rubéoleuse, dartreuse, erysipélateuse, etc., sont les semences d'un champignon qu'il peut reproduire à volonté, et qui, toujours et partout, se développera avec les mêmes symptômes, avec la même forme? Un atome de poussière semé sur le champ fertile de l'organisme ne fructifie-t-il pas aussi d'une manière incompréhensible? et cela, en vertu d'une loi universelle, sans doute fort simple, quoiqu'infinie en ses effets. N'est-elle pas la même pour tout ce qui vit? Ne semble-t-elle pas même régir certains corps inorganiques composés, qui, eux aussi, toujours et partout, se présentent avec les mêmes formes, les mêmes caractères? Cette loi quelle est-elle? Nous l'ignorons! Que savons-nous des virus, des agents de contagion? Au milieu de quelques lumières, quelles profondes ténèbres! Ainsi de la maladie de la vigne, de la pomme de terre, etc. On est d'accord sur un point et non sur plusieurs autres. Les hommes les plus éminents ne voyent pas l'oïdium lui-même de la même manière. Pour les uns l'oïdium Tuckeri est bien différent de l'oïdium érysiphoïdes, il forme une espèce à part, pour les autres c'est tout un.

Que l'oïdium Tuckeri soit une espèce à part, je ne le conteste pas, mais qu'il ne puisse vivre et se développer que sur la vigne, c'est une autre question dont le temps seul amènera la solution; mais qu'il serait, je crois, prématuré de résoudre aujourd'hui par l'affirmative. En effet, le Créateur, envers les végétaux comme envers les animaux, en les assujettissant à certaines règles, à certaines conditions d'existence, a été beaucoup plus libéral; il n'a pas, tout en plaçant certaines limites, fait dépendre, d'une manière absolue, la vie d'un individu de celle d'un autre individu. Je ne crois donc pas que l'existence de l'oïdium Tuckeri soit subordonnée absolument à celle de la vigne, pas plus que celle de certains insectes, par exemple, du myzoxile, du pommier, puceron, lanigère, est subordonnée à celle de cet arbre, etc., il y a là une série d'expériences importantes à faire.

Je partage donc l'opinion de ceux qui pensent que, sous l'influence de certaines conditions, un oïdium érysiphoïdes a bien pu naître et croître sur la vigne et finir par s'y acclimater. Toujours est-il, que les érysiphes sont très-nuisibles aux plantes qu'ils attaquent, et que, produisant des phénomènes morbides analogues à ceux que nous observons sur la vigne, il n'est pas étonnant que la plupart des jardiniers croyent que l'oïdium Tuckeri s'est étendu à leurs diverses cultures et les ravage.

Malgré l'action délétère et incontestable de l'oïdium Tuckeri sur la vigne, il est encore quelques bons esprits qui doutent qu'il soit tout. Pourtant il faut bien convenir qu'une observation rigoureuse fait pencher fortement la balance du coté des extérioristes.

Quelles sont les conditions qui ont paru favorables au développement du mal? — On place en première ligne la culture forcée, la chaleur et l'humidité élevées et presque constamment uniformes des serres, l'affaiblissement des ceps par la taille, l'âge, l'action débilitante des insectes, nos hivers trop doux, nos saisons anormales en quelque sorte, etc. ; bien que ces causes ne soient pas absolues, elles paraissent réelles et générales. Il est aussi des espèces qui paraissent plus aptes à contracter la maladie que d'autres : le frankantal, les chasselas musqué et de Fontainebleau, les muscats, etc., en un mot, tous les raisins de table et autres cultivés en espalier. Les ceps bas et rapprochés résistent mieux au fléau que les ceps élevés et espacés, tout ce qui touche la terre et surtout la terre engazonnée est sain, etc. Les vignes exposées au vent du nord sont moins malades que les autres, cependant on ne peut, comme le dit M. Victor Rendu, rien conclure de positif à cet égard, pas plus que de leur position en plaine, en coteaux et en terrain calcaire, argileux, à coté de ceps malades il s'en trouve de sains. Parfois sur le même cep, sur la même branche il existe des grappes intactes et d'autres de perdues : la maladie semble procéder par caprice.

La maladie doit-elle disparaître un jour spontanément? — Cette question a été souvent posée et résolue diversement. Ceux qui espérent qu'elle s'en ira comme elle est venue, n'ont aucune raison plausible en faveur de leur opinion; celle-ci ne pourrait avoir quelque base solide que sur ce que j'ai dit plus loin de l'action du froid sur les oïdium.

Tandis que ceux qui craignent de voir le fléau se perpétuer s'appuient sur des données véritables, incontestables. Depuis 1847, mes vignes sont malades; j'ai des ceps qui, cette année, pour servir d'expérience, n'ont subi aucun traitement et dont les rameaux, pour la plupart, sont morts. N'est-on pas en droit d'avoir les plus justes craintes pour l'avenir? Vivre dans une espérance et une sécurité si peu fondées serait plus que de la témérité. La prudence commande que nous nous tenions sur nos gardes, et que nous préparions nos moyens de préservation et de guérison.

Les moyens ne manquent pas; ils sont même trop nombreux, et pourtant presque tous, convenablement employés et au moment opportun, produisent des résultats satisfaisants.

J'ai expérimenté un grand nombre de moyens; je ne saurais les passer tous en revue, ce serait une tâche trop longue et surtout tout à fait inutile. Le soufre et la chaux ont été les agents sur lesquels mes expériences ont principalement porté. Je vais donc commencer par eux.

Du soufre. — Le soufre s'emploie seul, à l'état de poussière, fleur de soufre (1) et à l'état de vapeurs — ou bien associé à d'autres substances à l'état de dissolution, de sulfure de chaux, de potasse, de soude, etc.

La fleur de soufre constitue une médication d'une puissance incontestable, quand elle est convenablement employée et au moment opportun.

Pour l'employer convenablement, il faut qu'elle soit répandue sur la vigne préalablement mouillée, de manière à adhérer aux sarments, aux feuilles et aux grappes. M. Gontier, qui a beaucoup fait pour rendre cet agent d'un emploi facile et peu coûteux, a inventé un souflet qui lance la fleur de soufre sous forme de vapeur, pour ainsi dire, de manière à en couvrir toutes les parties vertes. Il a constaté que c'était une condition indispensable pour que l'effet eût de la durée; car si des parties oïdiées échappent, elles suffisent pour infecter les autres aussitôt que le soufre a disparu. Ce moyen, employé avant l'apparition du mal ou dès qu'on en constate les premiers symptômes, est d'une puissance remarquable; toutefois, pas plus que les autres, il n'a la faculté de faire disparaître le mal quand il est trop avancé. Comme eux il en arrête, il en borne les ravages. Pour les espaliers, le soufflet, bien que pour son emploi il faille une certaine habitude, est encore le meilleur instrument. Pour les espaliers et les quenouilles, quelques personnes se contentent de lancer le soufre à la main. Il en est même qui, pour économiser l'arro-

(1) En Angleterre, Kyle, dès 1846, l'a employée.

sage si nécessaire, je devrais dire indispensable, profitent de la rosée du matin pour semer la fleur de soufre. Voici comment, pour des quenouilles, j'ai procédé : on lançait, avec une pompe de jardinier, de l'eau sur les ceps, et, au moyen d'un tamis de soie très-fin, on répandait uniformément la fleur de soufre. Mais la pratique offre toujours quelque chose d'imprévu : le tamis le plus fin laissait passer le soufre en trop grande quantité. Pour parer à cet inconvénient, j'ai rempli à moitié des sacs à raisin en mousseline de la fleur de soufre, et je les ai mis dans le tamis : de cette manière le tamisage est devenu moindre. Ce procédé est très-expéditif et pourrait être proposé pour les vignobles, si la fleur de soufre, si puissante, n'offrait un inconvénient qui, quoi qu'on fasse, la rendra toujours inapplicable à la culture en grand. On ne peut véritablement pas se faire à l'idée qu'il soit possible de mouiller et de soufrer tous les vignobles malades. On aura beau chercher des procédés simples, expéditifs et même peu coûteux, on ne pourra pas y arriver; il est plusieurs obstacles insurmontables pour cela. Je ne les signalerai pas tous. Quelque peu coûteuse que l'on rende l'opération, ne fût-elle que de trente francs par hectare, ce que j'ai peine à croire, elle serait encore bien élevée pour des vignerons qui ont peine à faire joindre les deux bouts. On n'a pu jusqu'ici les déterminer, quelque faible que soit la dépense (un franc vingt-cinq centimes par pièce), à améliorer leurs vins communs, à en augmenter la valeur d'une manière notable en les rendant potables. Croit-on qu'ils mettront plus d'empressement à mouiller et à soufrer leurs vignes? Ce serait une étrange erreur. Croit-on qu'ils quitteront leurs champs, leurs moissons, foins et blés, qui alors manquent de bras? Je ne le pense pas, mais je l'accorde.

Eh bien! reste un obstacle plus grand, plus sérieux, plus insurmontable; ce moyen n'offre pas de continuité dans son action; il faut y revenir plusieurs fois. Si, après l'opération, il survient une forte pluie, le soufre est emporté en partie, et, au bout de quelques jours, il faut recommencer. Pour obtenir de bons résultats, j'ai été parfois obligé de soufrer jusqu'à quatre fois. Voici des époques; 4 fois : 1er juillet, 20 juillet, 10 août et 1er septembre. 3 fois : 20 juillet, 15 août et 10 septembre. 2 fois : 1er août et 1er septembre. Une fois : 15 août. Une seule opération a suffi quand le mal n'a exigé l'emploi du moyen que tard. Plus il a paru tôt, plus les opérations ont dû être fréquentes. Voilà ce qui s'opposera, pour les vignobles, à l'emploi de ce moyen et de beaucoup d'autres. C'est qu'ils n'ont pas de continuité dans leur action; c'est qu'aussitôt que cette action cesse, il faut recommencer, car le mal reparaît quand même et en raison des circonstances favorables ou contraires à son développement. Toutefois, si je crois la fleur de soufre impossible dans la culture en grand, je n'hésite point à proclamer que pour les espaliers, les raisins de table, c'est l'un des meilleurs agents et sur lequel on peut compter; mais les raisins de table peuvent seuls supporter de tels frais.

On a encore employé avec succès diverses autres substances pulvérulentes, la chaux, qui a donné bien des mécomptes. On cite des vignes qui ont eu leurs feuilles et même leurs grappes brûlées.

Après la chaux vive on a employé le plâtre et enfin les cendres de bois et même la poussière des routes. Tous ces moyens, que j'ai expérimentés, ont donné de bons résultats, mais, comme pour la fleur de soufre, il faut arroser, bien mouiller la vigne avant de les employer, il faut les lancer ou les répandre à l'état de poussière excessivement ténue, de manière à en recouvrir toutes les parties malades. Comme la fleur de soufre, elles n'offrent pas de continuité dans leur action.

Le seul avantage qu'elles pourraient avoir sur la fleur de soufre, ce serait de coûter un peu moins cher. Mes expériences me permettent d'assurer que la fleur de soufre m'a toujours paru donner des résultats plus certains et plus satisfaisants.

Après les substances à l'état de poussière j'ai mis en usage des solutions bien diverses. D'abord la solution de soufre et de chaux selon le procédé de M. Grison, il faut bien faire attention à ne pas l'employer trop forte ; un litre pour 70 à 100 litres d'eau suffit. Je me suis assuré que l'eau simple lancée sur les grappes et la vigne avec force et de manière à les bien laver, a tout autant d'effets salutaires. Au reste, il faut bien le dire, ce sont des moyens très-infidèles et qui demandent un emploi trop souvent répété pour être proposés pour la culture en grand. On peut s'amuser à seringuer, à laver tous les sept à huit jours quelques grappes ou quelques ceps ; mais, de bonne foi, peut-on sérieusement proposer de traiter ainsi des milliers d'hectares?

Je ne parlerai donc pas de toutes les tentatives que j'ai faites, avec des chances diverses. Il en est une pourtant dont l'effet favorable a été constant et durable, que j'ai fait connaître dès 1850 (1). C'est l'eau de chaux chaude. Mais avant d'en parler, disons un mot de l'eau simple qui, à une température de 35 à 45 degrés centigrades, réussit parfaitement. On plonge prestement la grappe dedans, et elle en sort verte et saine, pourvu que l'oïdium n'ait pas porté une atteinte trop profonde à son organisme ; mais cette action

(1) In-8°, imp. Cosse et Dumaine, pages 13 et 14.

n'est encore que suspensive du mal, au bout de 7 à 8 jours il faut recommencer. Puis dans le cours de l'opération l'eau se refroidit vite; trop chaude elle cuit le raisin, trop froide elle est sans effet.

M. Becquerel a indiqué un moyen qui lui a réussi : c'est un sulfure de potassium auquel on ajoute un peu d'acide sulfurique. On seringue cette solution qui laisse déposer le soufre à l'état d'extrême dissémination sur les sarments où il adhère fortement. Je n'ai point expérimenté ce moyen, par conséquent, je ne peux que répéter ce qu'en a dit son savant auteur.

Il me reste à parler de l'eau de *chaux chaude*. Voici comment j'opère : je prends 125 grammes de chaux grasse vive, je les mets dans un vase (un pot à fleur dont j'ai bouché le trou), je verse un peu d'eau d'abord, la chaux tombe en poussière ; aussitôt j'ajoute lentement un litre d'eau, de manière à former une bouillie d'une certaine consistance. Immédiatement je plonge les grappes malades dedans ; l'effet est instantané, l'oïdium est aussitôt détruit. La couche légère de chaux qui recouvre la grappe empêche le retour du mal ; il y a une longue continuité dans l'action du moyen. Si on enlève la chaux, les surfaces malades reparaissent vertes et saines. On ne trouve que les traces des taches brunes et noires trop profondes pour être détruites. Au fur et à mesure que le grain grossit, la chaux se fendille et pourtant ne tombe que tard. Employée fin juillet, en août et même au commencement de septembre, alors que le raisin avait une certaine grosseur, j'en ai obtenu les meilleurs résultats. Un grand nombre de personnes qui l'ont employée selon mes indications, vont jusqu'à lui donner la préférence sur le soufre. M. Dupuis, propriétaire à Montrouge, rue de Bagneux, n° 4, est de ce nombre ; il l'a mise en usage comparativement avec la fleur de soufre soufflée. Une seule opération de chaux a suffi, tandis qu'il a été obligé d'en faire deux et même trois de soufre, et la récolte soufrée a été moins belle que la chaulée.

Néanmoins, ce moyen, dont l'action dure très-longtemps, qui paraît remplir par conséquent l'indication la plus importante, la continuité d'action, a aussi ses défauts capitaux, qu'en bon père, car je crois en être l'auteur, je devrais soigneusement cacher; mais que, par amour pour la vérité, je vais dévoiler. D'abord pour la culture en grand, car c'est elle principalement qui nous occupe, il ne paraît guère possible de plonger toutes les grappes d'un vignoble dans une pareille bouillie. Mais en supposant que l'on pût s'y résoudre, et cela me paraît tout aussi praticable que d'arroser, de soufrer, épouster, etc., et serait sûrement moins coûteux, il resterait un inconvénient auquel on ne pourrait parer, en partie, qu'en rognant les sarments à un, ou deux yeux au plus, au-dessus de la grappe, de manière à laisser le moins possible de parties infectées; car il ne faut pas oublier qu'elles sont une cause persistante du retour du mal, qu'elles tendent incessamment à propager. Eh bien! si ces parties sont fortement atteintes et que les nouvelles pousses qui, huit à quinze jours plus tard paraîtront, soient à leur tour fortement infectées, la végétation languit, s'arrête et la grappe ne profite pas. Bien que saine, elle reste chétive; toutefois, le plus souvent, elle acquiert tout son développement, parce que les sarments donnent de nouveaux jets sains et vigoureux. En un mot, par ce procédé, on préserve bien la grappe, mais non le bois et les feuilles; c'est là un inconvénient capital. Quant à l'emploi de l'eau de chaux chaude pour les raisins de table, elle offre les mêmes inconvénients pour les sarments et les feuilles. Elle laisse aussi parfois, mais non toujours, de ses traces sur la grappe, que l'on est obligé de laver ou d'épouster.

Je pourrais parler de beaucoup d'autres solutions au fer, au cuivre, au plomb, même à l'arsenic, je ne m'y arrêterai pas.

Les huiles ne m'ont pas réussi, elles sont, du reste, d'un prix trop élevé.

Il en est ainsi de la cire.

J'ai essayé les eaux alkalines de potasse, de soude, j'ai parfois obtenu de bons résultats ; d'autres fois, la solution s'est trouvée trop forte pour le tempérament du raisin qui s'est flétri.

L'eau de savon noir que l'on m'avait vantée, n'a pas eu de meilleurs résultats.

Après les solutions, je vais parler des vapeurs. On a préconisé les vapeurs sulfureuses. A Bordeaux, M. Delavergne a inventé une chemise imperméable, avec laquelle il enveloppe les ceps malades, puis, au moyen d'un réchaud et du soufre, il produit une évaporation sulfureuse qui détruit l'oïdium jusque dans ses retraites les plus cachées. J'ai expérimenté ce moyen. Il est d'un emploi scabreux. Souvent, les feuilles et le raisin sont atteints et brûlés. Il faut beaucoup d'attention et de savoir-faire pour réussir convenablement, encore bien souvent, cela ne suffit-il pas. Des parties résistent quand d'autres sont détruites, ce qui tient, je crois, à leur nature plus ou moins tendre. Quand l'opération est bien faite, le mal disparaît et ne revient que très-lentement.

MM. Bergmann, Canta, Bertola, etc., les ont employées dans leurs serres, au moyen du thermo-syphon, et en ont obtenu les meilleurs résultats.

C'est pour obtenir des émanations sulfureuses, lentes, mais continues, pour remplir l'indication de la continuité de l'action que M. Delavergne a aussi fait enduire l'extrémité des échalas avec un mélange de soufre et de colcotar, etc.

On dit les vapeurs de goudron et de bitume plus puissantes que les vapeurs sulfureuses. Je ne les ai point expérimentées et ne puis, par conséquent, formuler une opinion positive et motivée. Toutefois, je ne doute pas de leur valeur, mais je crains que leur action ne soit que passagère, que suspensive seulement du mal. C'est là l'écueil où viennent échouer les meilleurs moyens.

Je n'ai point expérimenté les essences ni le tabac, ni certaines plantes aromatiques. Un médecin des environs de Bastia (*Const.*, 16 février 1854) a trouvé, au milieu de l'infection générale d'un vignoble, deux ceps placés au milieu de quelques pieds d'absinthe, et de rue portant d'admirables raisins. Le chiendent, l'avoine, etc., donnent les mêmes résultats. L'odeur n'y est donc pour rien.

Je n'ai pas non plus employé l'époustage, recommandé, pour la première fois, par M. Regnaut, de Neuilly.

M. Guérin Menneville, dont tout le monde connait le savoir, a fait employer ce moyen sur près d'un hectare, et il a réussi, même avec une seule opération. Il faut qu'elle ait été faite tard, car si le mal l'eût exigée, même vers la fin de juillet, il ne me paraît pas douteux que l'on eût été forcé d'y revenir ; je ne vois pas que l'époustage puisse avoir une propriété préservatrice et curative, plus grande, que les lavages, la fleur de soufre, etc. La réussite de ce moyen prouve seulement que l'oïdium n'est pas bien solidement attaché à la vigne, et que sa destruction, sa disparition suffit pourguérir, du moins momentanément.

[illegible]si, une forte pluie débarrasse la vigne de la poussière oïdique, qui ne reparaît que quelques jours après. J'ai même vu, cette année, dans les premiers jours de septembre, des treilles guéries par une pluie torrentielle de cinq heures. Mais les raisins étaient déjà près de la maturité. Mais l'époque de la décroissance de l'oïdium était arrivée, ou plutôt les conditions étaient moins favorables à son développement. Ce sont là des points qu'il ne faut pas perdre de vue. De même les pluies fréquentes et abondantes de la première quinzaine de juillet ont retardé et même détruit partiellement l'oïdium sur les quelques ceps qui en étaient atteints. Quelques jours après la cessation des pluies froides et de la température peu élevée qui les accompagnait, le temps s'est mis au beau et au chaud, et aussitôt la maladie a paru avec intensité et d'une manière générale. C'est pour moi un fait incontestable que les pluies froides, la grêle, contrarient le développement de l'oïdium.

Il est aussi d'autres agents qui, en modifiant la nutrition de la vigne, en portant dans le torrent de la circulation végétale certains principes, la maintiennent en parfaite santé, même au sein d'une infection générale.

On a dit qu'une bonne fumure produisait cet effet. On s'est surtout autorisé de la culture des vignobles des environs de Paris, de ceux d'Argenteuil, entre autres ; je suis persuadé que ce n'est pas là la véritable cause de leur bonne santé. La preuve, c'est que les treilles de Fontainebleau, Thomery et une infinité d'autres lieux sont et plus et mieux fumées que ne le sont les vignobles d'Argenteuil et autres lieux, et cela ne les empêche pas d'être bien malades. Il y a à cela une autre cause dont nous parlerons bientôt.

Néanmoins, il ne paraît pas douteux que certains ingrédients jouissent d'une vertu préservatrice ; M. Villemot a arrosé, tous les deux jours, un certain nombre de ceps avec de l'eau de puits ; et, après la floraison, il a mis dans l'espèce de cuvette qu'il avait faite à leurs pieds un fumier composé,etc. Tous les pieds ainsi traités sont demeurés sains, tous les autres au contraire sont devenus très-malades. M. Thénard a été témoin des expériences de M. Villemot.

Beaucoup ont employé la suie, le sel marin, les résidus de potasse ou de soude, l'urine de vache, la décoction de feuilles de noyer, le soufre, etc. Un de mes très-honorables clients, homme d'esprit et de bon sens, M. D..., m'a apporté des raisins parfaitement sains provenant d'une treille ainsi traitée.

Mais voici un fait, dont j'ai une parfaite connaissance, et qui mérite, sous plus d'un rapport, d'être raconté avec quelque détail ; on y verra l'influence de certains agents sur la végétation, non pas seulement de la vigne, mais sur celle de beaucoup d'autres végétaux, et sur leur état de santé ou de maladie.

M. Allez, pépiniériste à Coulommiers, a couvert les plates-bandes de ses espaliers d'une couche de dix à quinze centimètres de tannée. Cette opération a été faite en vue de sauver ses pêchers, chétifs, rabougris, difformes, infectés tous les ans du blanc ou meunier. Les vignes partageaient le même sort... Cette année pêchers et vignes ont offert une végétation luxuriante et pas de traces du meunier, ni d'oïdium. Pêches et raisins magnifiques ; et, partout où la tannée n'était pas, végétation chétive, meunier, oïdium, maladie enfin. Ce même moyen a eu aussi une influence très-salutaire sur des poiriers et des pommiers malades.

Ces faits et bien d'autres ont, on n'en peut disconvenir, une haute signification ; ils prouvent manifestement que si le mal n'a pas son origine, son principe, sa cause dans la séve, comme les extérioristes le soutiennent, il faut au moins à cette séve certaines conditions pour qu'il se développe, car, en modifiant les conditions existantes, on empêche le mal de paraître, ou si on aime mieux, on empêche le meunier de s'établir sur les pêchers, et l'oïdium de s'implanter et de croître sur la vigne.

Tout se tient dans l'organisme vivant : les liquides et les solides sont dépendants les uns des autres. Quelle n'est pas l'influence des terrains, des fumures, des soins sur la croissance, la beauté et la qualité des fruits, etc. ? Aux moyens dont je viens de parler je pourrais en ajouter beaucoup d'autres. Chaque expérimentateur n'a-t-il pas son remède infaillible, sa panacée ? Après tout ce que j'ai dit cela doit se comprendre. En effet, quel que soit le moyen, fût-il insignifiant ou même ridicule, pourvu que l'oïdium ne paraisse pas sur les parties vertes, ou s'il y est déjà, pourvu qu'on le chasse ou qu'on le détruise chaque fois qu'il s'y établit, n'importe comment, branches, feuilles et fruits ne restent-ils pas sains, ne suivent-ils pas le cours normal de leurs développements ? Cependant parmi tant d'agents si puissants, qui peuvent être employés pour les treilles d'espalier, en est-il un seul d'applicable à la culture en grand ? pour elle que faudrait-il ? Un moyen simple, expéditif, qui ne changeât rien ou presque rien au faire ordinaire, et qui, surtout, ne vint point ajouter des frais nouveaux à ceux déjà trop considérables. Un tel moyen existe-t-il ? est-il possible.

Voilà le problème que nous allons tacher de résoudre.

Au commencement de septembre 1849, au milieu de l'infection générale de mes vignes, je fus très-étonné de trouver sur un cep très-malade une grappe parfaitement saine. La branche et les feuilles l'étaient aussi. Comment expliquer ce fait ? Qui avait pu préserver cette branche, ces feuilles et cette grappe? J'examinai très-attentivement les conditions où ces diverses parties se trouvaient placées.

La branche naissait à 3 centimètres des racines du cep sur une branche de deux ans qui avait été provignée; elle courait sur la terre, au milieu de gazons et de mauvaises herbes, dans une étendue de 1 mètre 60 centimètres. La grappe reposait horizontalement sur la terre engazonnée et les feuilles dépassaient à peine les mauvaises herbes. Elles me parurent être, et elles étaient en effet, dans des conditions de chaleur, d'humidité, de lumière et probablement aussi d'électricité fort différentes des parties élevées.

Si ces conditions contribuaient à la maladie des unes et à la santé des autres, le même fait devait se reproduire partout où ces conditions se retrouveraient. Je parcourus aussitôt mon jardin, contenant un hectare environ, et partout, sans la moindre exception, branches, grappes et feuilles courant sur la terre engazonnée étaient saines, et faisaient aussi contraste par leur beau vert, avec celles qui étaient élevées.

En médecine, quand la cause d'une maladie nous échappe, et malheureusement ainsi que pour la maladie des vignes, de la pomme de terre, etc.; cela arrive souvent, mais que nous sommes assez heureux pour parvenir à connaître les conditions favorables et les conditions contraires à son développement, nous nous efforçons d'éviter et de détruire les unes et, au contraire, de rechercher et de faire naître les autres. Il me parut rationnel d'en agir de même avec la vigne. Je me dis, que la cause du mal procède de l'intérieur à l'extérieur, ou de l'extérieur à l'intérieur; que ce soit un insecte, un champignon, une pléthore albumineuse, un épuisement du sol, un affaiblissement et une dégénérescence des cépages, etc. Que ce fait soit favorable ou contraire, à l'opinion des hommes les plus éminents comme à la mienne, sur l'étiologie de cette affreuse maladie, peu importe, en mettant la vigne dans les conditions où je la trouve constamment saine elle doit échapper au fléau.

Depuis lors, quatre années se sont écoulées, mes expériences et mes observations ont été faites sur une assez vaste échelle et ont porté sur un assez grand nombre de vignobles, pour ne me laisser aucun doute sur la valeur de ce moyen. Quels que soient l'âge des ceps et leur espèce, il est d'une efficacité générale et incontestable. Je peux résumer ainsi mes expériences et mes observations :

Toutes les branches qui courent sur la terre et la touchent, ainsi que leurs grappes et leurs feuilles sont vertes et saines. Celles qui courent sur la terre labourée et propre, exempte d'herbes, sont d'un vert moins beau que celles qui courent sur la terre engazonnée. Il est des ceps où l'on peut suivre le progrès du mal qui devient d'autant plus grand que l'on s'élève davantage; des branches, des sarments naissent à 30, 40, 50 centimètres et plus du sol, ils sont baissés et ramenés sur la terre. Le mal diminue au fur et à mesure qu'on s'en approche; il cesse aussitôt qu'ils en sont près, continuent d'être sains tant qu'ils la touchent; la quittent, redeviennent d'autant plus malades qu'ils s'élèvent davantage; d'autres branches naissent au niveau du sol, le quittent ployées en cerceau, de manière que les deux extrémités courent sur la terre et la touchent; ces extrémités sont parfaitement intactes, et la partie la plus élevée du cercle est la plus malade. Des coureuses, sauteuses, ou gaules portant 8 à 10 sarments et plus, chargés de fruits, sont alternativement élevées et baissées tous les sarments et leurs raisins touchant la terre sont verts et sains; tous ceux qui sont élevés sont malades. Une branche court sur la terre engazonnée elle est saine ; on ne peut y découvrir ni taches brunes ou noires, ni oïdium ; on élève l'un ou plusieurs des rameaux qui partent des yeux nouveaux et qu'on ôte ordinairement à l'opération de l'écollage, aussitôt qu'ils ont quitté le sol et le gazon ils sont malades. Des branches et des grappes touchent le sol, mais ce sol est propre, mais ces branches et ces grappes sont isolées, elles ne sont protégées, ombragées ni par l'herbe, ni par autre chose ; elles reçoivent immédiatement l'air et la lumière. Eh bien ! la grappe qui repose sur la terre offre quelques traces du mal à ses grains les plus élevés, et la branche quelques maculages sur sa face supérieure. Sont-elles protégées, ombragées par un peu de gazon, d'herbe ou tout autre chose, elles sont saines, elles sont du plus beau vert ? Quittent-elles le gazon, s'élèvent-elles, elles deviennent malades ? Il en est ainsi quand elles sont dans des touffes d'avoine. J'ai obtenu de superbes grappes saines en les posant sur des pieds de violettes ; des grappes qui n'en étaient éloignées que de quelques centimètres étaient perdues. On pourrait dire au mal : Tu viendras jusque-là, mais tu n'iras pas plus loin.

Des vignes, de 25 à 30 ans, ont été détachées de l'espalier aux premiers symptômes du mal et ramenées sur le sol ; branches, grappes et feuilles ont bientôt changé d'aspect ; leur teinte souffrante et jaunâtre a été remplacée par un beau vert. Un nombre considérable de ceps, de branches ont été fixés sur la terre et partout, les mêmes phénomènes se sont produits. Plus les branches et les grappes ont été près de la terre, plus l'effet a été prompt et certain ; ce qui n'était point envahi est devenu d'un plus beau vert, ce qui commençait à l'être s'est guéri. Il ne reste de traces de la maladie que sur les parties qui étaient trop profondément altérées pour revenir à l'état normal.

Cette année, guidé et enhardi par ces faits, j'ai voulu connaître, ou plutôt mesurer en quelque sorte la puissance curative de l'engazonnement et de la terre. Pour cela, des vignes très-malades ont été couchées sur la terre engazonnée et même, parfois, placées dans des espèces de fosses ou de sillons, et saupoudrées de terre. J'ai eu la satisfaction de voir leur santé s'améliorer et même se rétablir. En les comparant à des vignes moins malades, traitées par le soufre ou la chaux, elles sont incomparablement mieux portantes : la grappe est plus verte et les traces du mal beaucoup moindres ; il s'est même produit un phénomène très-remarquable qui semble dénoter une vertu réparatrice puissante, ou une action destructive du mal bien graduée et bien forte. Les taches brunes et noires qui restent sur le grain après le soufrage ou le chaulage, et y forment une espèce de croûte, sont amincies et réduites à un piqueté grisâtre laissant apercevoir l'épiderme vert et sain. On dirait que la tache a été usée, et que ses parties les moins épaisses, les moins adhérentes ont disparu les premières. Je me suis appliqué, plus d'une fois, à bien voir ces points d'un gris brun ; ils m'ont paru traverser l'épiderme. Ne seraient-ils point le centre d'où est parti le premier filament rampant? Ne constitueraient-ils pas le premier crampon? La racine congéniale? Ce fait concorde avec ce qu'ont dit MM. Zanardini, Hugo, Molh et Montagne sur l'origine des suçoirs.

J'ai eu beau varier mes expériences de cent manières, toujours le résultat a été le même. J'ai fait courir des branches de vigne sur des monceaux de pierres, elles sont vertes et saines, ainsi que leurs grappes et leurs feuilles.

L'an dernier, près de Vincennes, j'ai vu une vigne dont les sarments, couverts de fruits, couraient sur le chaperon, en dalles, d'un mur de trois mètres. Tout ce qui était sur le chaperon et le touchait était sain, tout ce qui le dépassait, de l'un comme de l'autre côté, était malade. Ce fait servira de point de départ à des expériences qui, selon toutes les probabilités, ne seront pas sans résultats satisfaisants pour les raisins d'espalier.

Ces expériences font connaître la véritable signification de faits, dont les uns avaient frappé tout le monde, et dont les autres n'avaient été vus que par quelques bons observateurs seulement. Les premiers ont rapport à la bonne santé des vignobles *bas* (*c'est-à-dire portant les raisins près du sol*), alors que les espaliers sont perdus, et cela dans tous les lieux et tous les pays. Les autres, beaucoup plus importants, parce qu'ils touchent de beaucoup plus près la vérité, ont trait aux provins et aux gaules. En effet, on avait constaté que les provins de l'année et la plupart des sauteuses ou gaules, qui touchent la terre, donnaient seuls, dans les vignobles les plus infectés, des raisins intacts. L'un des plus éminents parmi ces observateurs, M. le professeur Bouchardat, partant de ce fait, a conseillé le provignage annuel comme un moyen de se garantir en partie du fléau. Nos expériences démontrent que les jeunes provins et les gaules ne donnent des raisins intacts que parce qu'ils touchent la terre; quand ils en sont éloignés, le fléau les atteint comme les autres.

En 1851 (20 octobre et 10 novembre), en 1852 (20 septembre), dans des mémoires divers, j'ai signalé ces faits à l'Académie des sciences. Dans la communication du 20 septembre 1852, je suis entré dans des développements assez grands sur l'emploi du couchage des sarments sur la terre, auquel je conseillais de joindre, au besoin, l'engazonnement, ajoutant que les faits sur lesquels ce conseil s'appuyait, bien que concluants dans leurs généralités, avaient besoin dans les détails d'être régularisés par la pratique.

Je ne puis rapporter tous les faits qui viennent à l'appui de ceux que j'ai observés. Je n'ai pas visité un seul lieu infecté où je n'aie pu voir leur confirmation.

Au Jardin des Plantes les treilles sont perdues; un cep touche la terre, il est sain (MM. Decaisne et Pépin ont vu le fait).

Au Luxembourg on démolit sur la rue d'Enfer; des vignes d'espalier presque abandonnées sont perdues par l'oïdium, leurs extrémités touchent la terre et courent dans de mauvaises herbes, elles sont parfaitement saines ainsi que leurs grappes.

Je pourrais citer des centaines de localités où les mêmes faits se sont produits; mais je n'en connais pas de plus curieux que celui du jardin du bassin des eaux de Bicêtre, au-dessus de Gentilly. En 1852, ne voulant rien dépenser pour des vignes en quenouilles, qui, à cause de la maladie, n'avaient rien donné l'année précédente, le gardien les tailla, ou plutôt les rogna sur tout bois et les abandonna. Je les ai visitées plusieurs fois en septembre 1852, au milieu de mauvaises herbes et de chiendent, on n'a jamais vu récolte plus saine, plus belle et plus abondante. Les parties qui dépassaient les herbes étaient cependant très-malades. Si ce fait peut servir d'exemple pour la préservation par l'herbe, je ne le donnerai certes pas pour la manière dont on doit tailler et soigner la vigne.

Je ne puis passer sous silence des communications

de beaucoup postérieures aux miennes et qui viennent de l'étranger.

La première est insérée dans le remarquable rapport fait à la Société linnéenne de Bordeaux, le 3 avril 1853, et se trouve dans une lettre de Monsignor della Fanteria, administrateur de l'archevêché de Pise, et datée du 29 décembre 1852. Il dit :

4° Le phénomène le plus important est que les vignes, dont les branches reposent sur la terre, ont donné généralement des raisins intacts, comme les vignes situées près des haies et qui étaient protégées contre l'action de l'air :

5° Les vignes qui croissent dans les bois, sans culture, ont souffert comme les autres de la maladie, moins celles qui étaient couchées sur le sol, par la raison indiquée au n° 4.

La deuxième est le rapport inséré dans *el Parlamento* de Turin, du 16 septembre 1853, et ayant trait à l'examen des vignes d'un nommé Vergnano, dont une partie, traitée par le couchage, est saine, et l'autre, soignée selon la méthode ordinaire, est malade ; et où, à cette occasion, un troisième fait est raconté par le professeur Borio, qui venait de visiter les vignes de M. le docteur Costa, traitées par le même procédé, et qui étaient aussi très-bien portantes.

A ces communications, auxquelles j'attache beaucoup d'importance, sans m'inquiéter si elles sont l'œuvre de ceux qui les ont signalées, ou si elles ont été suggérées par les publications que j'ai faites, je pourrais en ajouter bien d'autres.

M. Leroy, à Marseille, a obtenu les mêmes résultats.

M. Chambaud, de Montpellier, conseiller à la cour d'Aix, a obtenu aussi, au milieu d'une infection très-intense, de belles vendanges par le même procédé —

vignes couchées et envahies par les herbes. Il s'attend à ce que cette communication, si contraire aux idées reçues et admises comme actes de foi sur la manière de traiter les vignes, trouve beaucoup d'incrédules et même de moqueurs, mais il croit devoir la faire par amour de la vérité et du bien public.

Montpellier, 1853. *Observations de M. Esprit Fabre, d'Agde, mises au jour par M. Félix Dunal, doyen de la Faculté des Sciences, page* 24. — J'ai observé que les provins de l'année se défendent beaucoup mieux que les vieux cépages, parce qu'ils bourgeonnent les premiers et que leurs sarments, conséquemment leurs grappes, sont plus rapprochés du sol. J'ai vu également que les cépages à basses tiges sont moins sujets à la maladie que ceux à hautes tiges. Page 25. Rabattre les ceps trop haut pour les rendre plus bas, car plus les raisins seront rapprochés de la terre, moins ils seront attaqués par les parasites (il entend les champignons). J'ai appris, par l'expérience, qu'à la dernière façon il ne faut pas déchausser les pieds des ceps afin que les raisins soient toujours le plus possible rapprochés de la terre; peut-être faudrait-il réduire la culture à de simples sarclages à la sape.

Revue hort. de la Côte-d'Or. 3e année, n° 8, novembre 1853, page 151. Il est remarquable du reste que la vigne de pied est beaucoup plus rarement atteinte que la vigne relevée en cordons ou en treilles. Delacroix, Prêtre (Vienne).

De ce même département, je puis citer une communication que je dois à M. Dubreuil fils, propriétaire à la Trimouille, près Montmorillon. Les treilles d'espalier, quel que soit leur cépage, sont perdues. Les paisseaux (ainsi appele-t-on les clôtures des vignes), formés de cordons élevés d'un mètre et plus, sont très-malades. Tandis que la vigne généralement mal soignée, aux ceps rapprochés et très-bas, toujours, aux mois d'été, plus ou moins pleine d'herbes, et dont les raisins posent sur ou presque sur la terre, est saine et donne de bonnes récoltes.

M. le professeur Bouchardat, dans son dernier et important ouvrage, dit : Les faits accomplis montrent la difficulté extrême, pour ne pas dire plus, des moyens curatifs appliqués sur le mal, et nous conduisent à une prophylaxie simple et certaine.

Sans notre concours il s'est exécuté de grandes et concluantes expériences, dont il faut savoir démêler les résultats.

Il formule ainsi une loi générale de préservation : Toutes choses égales d'ailleurs, la vigne a plus de chances d'être épargnée de la maladie quand sa tige s'éloigne moins de terre. (M. Keller a fait la même observation à Padoue.) (*Il bianco Dei pappoli*, p.47.)

Dès la première invasion du mal, les branches qui ne sont pas rognées doivent être couchées sur la terre. Tailler la vigne le plus bas possible. Les ceps rapprochés sont moins atteints que les ceps espacés.

Dans nos vignobles de Bourgogne, les vignes de 3 à 4 ans étaient attaquées, et toujours les provins ont été observés, ou intacts, ou comparativement moins attaqués que les ceps qui n'avaient pas été couchés. Tous les faits si bien observés par M. Bouchardat sont confirmatifs de ceux que j'ai signalés. Même pour la résistance différente des cépages, travail si bien fait et si important, il hésite à conclure, des cépages préservés dans un lieu ayant été les premiers et les plus malades dans un autre.

M. L. Oudart, négociant à Gênes, a fait coucher quatre hectares environ de vignes de 4 à 6 ans ; elles sont saines et bien portantes, et ont une grande quantité de raisins ; tandis que les vignes qui les environnent de tous côtés, et cultivées selon la méthode ordinaire sont très-malades.

M. F. Mourlhon, d'Autoire (Lot), m'a communiqué les faits suivants : « Dans tous les environs de Brives, de Saint-Céré, etc. toutes les treilles en espalier, à quelques rares exceptions près, sont perdues. Les espèces cultivées sont les chasselas et les muscats. En vignobles, on cultive beaucoup d'espèces ; les dominantes sont : le moreau, le bruneau, le mancey, en raisins noirs ; le bouillant, en raisins blancs. Ces espèces sont aussi cultivées dans le Bas-Limousin, sur les lisières de la Dordogne, etc. Le mancey a des ceps de quarante centimètres à un mètre d'élévation ; il donne des sarments vigoureux, très-chargés de raisins, que l'on soutient au moyen d'échalas de plus de deux mètres. Dans le Lot, les mancey sont déjà bien malades ; dans la Corrèze et la Dordogne ils sont perdus. Le bruneau et le moreau, qui ont des ceps beaucoup plus bas, dont les sarments et leurs fruits sont par conséquent plus près de la terre, ne sont presque pas malades dans le Lot, et donnent encore quelques bons fruits dans la Corrèze et la Dordogne. Tandis que le bouillant, ou raisin blanc, dont les ceps sortent pour ainsi dire de terre, dont les sarments sont très-bas, et laissent poser leurs grappes sur le sol, échappe au fléau, même dans la Dordogne. C'est là un fait général, qui, depuis longtemps, aurait dû ouvrir une voie sûre au traitement.

La même observation a été faite dans les vignobles malades de la Sologne, du Cher, du Gatinais, de la Bourgogne, du Maconnais, etc., mais c'est surtout dans la Charente et dans la Gironde que M. Laurence, riche propriétaire de ces contrées, a constaté, sur plus de deux cents hectares de vignes, que tous les raisins qui étaient près de la terre étaient sains, quand les raisins élevés étaient perdus. Ces faits se sont révélés avec d'autant plus de force, d'évidence que certaines espèces, cultivées très-bas, doivent être débarrassées de la terre que les pluies amènent dans l'espèce d'entonnoir ou de fosses d'où sort le cep, et que toujours ces ceps sont sains, etc. Partout, avec les mêmes conditions, les mêmes résultats se reproduisent. Je pourrais multiplier ces citations à l'infini.

On a souvent dit : Comment se fait-il que dans les environs de Paris, où les treilles non traitées sont si malades, les vignes souffrent si peu ? Je les ai visitées et bien examinées un grand nombre de fois. En effet, elles sont peu malades ; le fléau les atteint cependant. Que l'on examine les parties supérieures des sarments, beaucoup offrent les taches brunes et noires, ce maculage particulier, signe aujourd'hui incontestable de la présence de l'oïdium ; tandis que dans les parties inférieures, on ne trouve de traces du mal que sur le bord des chemins ou le long des champs, et encore jamais sur les grappes qui touchent la terre. Les ceps des vignobles sont serrés, les raisins dans les bas. Que l'on compare ces vignes, celles d'Argenteuil, par exemple, à celles du Luxembourg, si bien et si savamment soignées, plus espacées, plus aérées, et pourtant si malades.

Une masse d'observations et de faits m'ont été signalés, beaucoup par des personnes qui m'ont visité, et qui avaient vu les analogues sans leur attacher la même importance que moi. Mon excellent et savant confrère, le docteur Leveillé, les a vérifiés chez moi et ailleurs plusieurs fois. J'ai eu l'honneur aussi d'être visité par plusieurs membres de nos premiers corps savants, qui ont paru frappés de la puissance des faits, de leur incontestabilité, de leur importance pratique surtout. L'un d'eux, M. Robinet, n'a point hésité d'en faire immédiatement l'objet d'une communication dans la *Revue horticole* du 5 septembre, et de conseiller le couchage sur la terre des sarments, à tous les vignerons menacés ou déjà atteints de l'oïdium; en ajoutant que c'était le moyen le plus simple, le plus expéditif, le moins coûteux de tous ceux qui avaient été conseillés; qu'il suffisait de coucher les sarments sur la terre, que plus le raisin en était près, plus l'effet était certain.

Depuis que j'ai commencé mes recherches, j'ai eu l'occasion de visiter bien des vignes, mais, je le dis hardiment, je n'ai pas trouvé une seule exception aux faits que j'ai constatés dans mon jardin. On m'en a pourtant signalés quelques-uns, je me suis toujours empressé d'aller les vérifier, parce que, dans une pareille circonstance, un fait ne se discute pas; on le voit, on l'analyse, et, de cette manière, on constate s'il est conforme à ceux que l'on a observés, ou s'il en diffère. En voici un exemple :

Le 2 septembre 1853, je suis allé à Chartrettes, au delà de Melun, sur la rive droite de la Seine, vis-à-vis la forêt de Fontainebleau. Un grand nombre d'espaliers sont atteints, et beaucoup sont sans ressources. Quelques vignobles, sur la côte qui domine la Seine, sont aussi très-malades. Toutefois, l'affection n'est encore que partielle, et porte principalement sur les espèces appelées samoreau, verey gris et la Rochelle. On m'avait assuré que les jeunes provins, ainsi que les gaules ou sauteuses, et toutes les grappes qui touchaient la terre, étaient tout aussi malades que les autres. Un examen attentif a bientôt convaincu les vignerons qui m'accompagnaient et me guidaient, que c'était une erreur; bien que le vignoble soit dans les conditions les plus favorables à l'infection. La terre est propre, les sarments sont bien relevés, les raisins à découvert, les ceps bien espacés, de manière à laisser circuler librement l'air et la lumière. Nous n'en avons pas moins constaté que toutes les grappes et les branches qui touchent la terre sont saines. Dans ce vignoble, l'intervalle, entre les grappes saines et les grappes malades, est moins grand que chez moi, où l'herbe, qui couvre plus ou moins la terre, rend les conditions de chaleur et d'humidité bien différentes.

Un autre fait très-important, et qui aurait encore beaucoup plus d'intérêt et d'autorité, si toutes les vignes bien soignées étaient malades, c'est qu'à côté de ces vignes bien façonnées, dont plusieurs sont fortement atteintes, il s'en trouve qui ont été négligées; elles ont bien été ébourgeonnées, mais elles n'ont point été relevées, ni sarclées, ni binées, ni même rognées, les mauvaises herbes les ont un peu envahies. Eh bien! il n'est pas une seule de ces vignes de malades, leur raisin est beau et intact, et à la cuve, son rendement a été égal, sinon supérieur aux meilleures vignes. Ce fait a vivement impressionné les vignerons qui, du reste, l'avaient déjà vu sans se l'expliquer : ils se contentaient de dire que les négligents, dans cette circonstance, étaient plus heureux et mieux partagés que les besogneux et les soigneux. On doit comprendre que des observations si précises et si générales n'ont pas laissé de doute dans leur esprit; aussi, dociles à mes conseils, ils ont couché et saupoudré de terre un grand nombre de ceps, dont le raisin était déjà d'un gris cendré. J'ai appris que le procédé avait parfaitement réussi, et qu'ils regrettaient de ne l'avoir pas connu plus tôt. Car, vers la fin de septembre, en relevant les sarments, le raisin est revenu à la santé, et est beaucoup plus avancé vers la maturation que les autres raisins. Ceux qui n'ont pas été traités et qui étaient malades sont perdus.

Ainsi, les expériences que j'ai faites, depuis 1849 à Montrouge, sont corroborées par des faits analogues dans tous les lieux, au nord, au midi, à l'est comme à l'ouest de la France ; en Italie, en Piémont, à Pise, à Gênes, à Florence, à Naples, etc., partout les hautains sont atteints avant les bas. Partout ce qui touche la terre, et surtout la terre engazonnée, ou couverte par quelques mauvaises herbes, est et demeure intacte même au sein d'une infection générale et intense. Ainsi donc, il n'y a plus de doute, le couchage sur la terre des sarments chargés de fruits est un moyen tout à la fois préservatif et curatif, efficace enfin, puisqu'il réunit la condition indispensable pour cela, la continuité d'action.

Voyons quand et comment il est praticable, examinons ses avantages et ses inconvénients.

Il y a bien évidemment des conditions de la vigne qui rendent son emploi, sinon absolument impossible, du moins très-difficile. En effet, comment ramener sur le sol les hautains ayant leur cent branches courant dans de grands arbres ou sur des perches? Comment détacher de leur espalier, pour les coucher sur le sol, des ceps de 25 à 30 ans et d'une grosseur considérable? Cela n'est guère praticable et ne pourrait se faire qu'au prix d'assez grands sacrifices. Pour ces cas je ne puis que poser des règles générales. Pour les espaliers les modes de traitement ne manquent pas; les hautains sont bien plus difficiles à atteindre et à soigner. L'intelligence du cultivateur devra dans cette occurence choisir et agir selon les nécessités. Mais je suppose qu'il voulût recourir au couchage sur le sol, comment faudrait-il opérer? Voici comment j'ai fait : tantôt j'ai déchaussé de gros ceps d'espaliers et suis parvenu à étaler sur le sol leurs nombreux rameaux ; tantôt je les ai provignés en laissant huit à douze rameaux sortir de terre et j'ai eu beaucoup de raisins intacts et beaux.

Il est encore des ceps qui, sans être hautains ou en espalier, offrent un grand obstacle au couchage sur le sol ; ce sont les ceps très-gros, élevés de quarante centimètres et plus, dont la partie supérieure forme une espèce de massue, une véritable tête de loup, d'où partent un grand nombre de rameaux que parfois on attache à un cercle; au lieu de les relever on devra chercher à leur faire atteindre la terre. Pour cela au moment de la taille on conservera le plus possible de gaules ou sauteuses, qui du reste offrent un très-grand avantage, elles portent toujours beaucoup de raisins et, selon les nécessités, peuvent être facilement relevées ou baissées; à celles que l'on destinera au provignage on ne conservera que les branches terminales afin de les avoir fortes et bien aoutées.

Il est encore pour ces ceps, ainsi que pour ceux que l'on ne peut ployer qu'incomplétement, un procédé que l'on pourrait appeler mixte, et qui m'a très-bien réussi. J'ai ployé, autant que possible, une rangée de gauche à droite et la voisine de droite à gauche de manière à les réunir par leurs têtes ; je les ai fixées les unes aux autres au moyen d'un osier et, sur cette espèce de berceau, j'ai répandu de l'eau et de la fleur de soufre au moyen du tamis. Les raisins supérieurs ont été préservés par le soufre et les inférieurs par la terre. On ne peut douter de ce dernier effet, car les ceps qui baissés n'ont pas eu de soufre sont malades dans leur haut et sains dans le bas.

S'il est quelques ceps trop gros, ou trop élevés, pour être couchés sur le sol, le plus grand nombre heureusement est bas et peut être ployé, ou donner des sarments pouvant ramper sur la terre. Pour avoir d'abondantes récoltes que fait-on? On conserve des gaules et on rajeunit la vigne par le provignage et le marcotage. Il faudra donner plus d'extension à cette excellente pratique.

Examinons les modifications que le couchage des sarments sur la terre peut apporter à la culture ordinaire de la vigne. Pour cela rappelons comment on la traite, disons les façons diverses qu'on lui donne.

En janvier, février et mars, dans quelques localités plus tôt, presque nulle part plus tard, on taille et on laboure. Il n'y a rien à changer au faire habituel, pour cette façon; toutefois on conservera convenablement de provins et de gaules et on taillera seulement en vue que les sarments fructifères soient le plus rapprochés possible de la terre. En juin, rarement aussi avant ou après, on ébourgeonne, on relève les sarments, on bine; plus tard, vers le commencement, d'août on écolle, on rogne et on attache les sarments trop longs et vagabonds. Quelques vignerons soigneux donnent alors un binage.

L'ébourgeonnage doit toujours être pratiqué, c'est une opération de premier ordre qui ne doit point être mise de côté, elle importe à la vigueur de la vigne et autant, peut-être plus, à celle du raisin. On devra donc le faire comme de coutume.

Mais le relevage des sarments et le binage n'ont pas la même importance, parce qu'ils n'influent pas, ou presque pas, sur la venue du raisin; que les sarments courent sur la terre ou soient soutenus sur des échalas, il n'en vient pas moins bien; au contraire, toutes choses égales d'ailleurs, si la température est élevée, brûlante, les raisins bas profitent mieux que ceux qui sont hauts. Le relevage n'est donc pas une opération du premier ordre, il peut être retardé et même, dans certains cas, abandonné sans inconvénient. C'est une opération de moins à pratiquer en juin.

Quant au binage, il n'est pas non plus d'une absolue nécessité. Il n'est véritablement indispensable que lorsque la vigne est trop sale, que lorsque l'herbe est trop abondante. Dans ce cas, on devra nettoyer soit en binant, soit en cerclant ; mais s'il n'y a que peu d'herbes, on peut s'en abstenir sans aucun inconvénient ; je dirai plus, avec avantage, si le fléau est menaçant ou s'il a paru dans quelques points de la localité.

Nous avons démontré, en effet, que l'herbe, même en très-petite quantité, était l'un des meilleurs préservatifs. Néanmoins il ne faut pas que la vigne soit trop couverte d'herbe ; car le trop nuit non-seulement à la vigne, mais surtout au fruit. Ce n'est pas, comme on le croit généralement, en l'empêchant de mûrir, mais en nuisant à sa croissance. Il est une juste mesure à garder, on doit le comprendre mieux que je ne pourrais le dire.

Toutefois, il y a peu à craindre que l'herbe devienne envahissante, gagne la vigne si celle-ci court sur la terre. C'est aussi le cas, si déjà les premiers symptômes du mal ont paru dans quelques points du vignoble, de rapprocher les sarments le plus possible de la terre. Il ne faut pas attendre que le mal ait étendu ses ravages, ait pris plus de gravité. Quant aux procédés pour maintenir les sarments sur le sol, ils peuvent varier beaucoup ; en général les échalas qui devaient servir à élever serviront à baisser. Des vignes dont les ceps, éloignés seulement les uns des autres de 30 centimètres, étaient sur une même ligne avec un intervalle, ou une plate-bande de 1 mètre 25 centimètres, ont été couchées dans le sens de leur alignement, têtes contre pieds ; et, au lieu d'une rangée de haricots, ainsi qu'on le pratique dans la Côte-d'Or et autres localités, on en a planté trois, de cette manière la vigne s'est trouvée engazonnée ; jamais plus belle vendange n'a été obtenue. Je cite ce procédé par les bons résultats qu'il a produits, et parce que je l'ai constaté aussi à Montrouge chez M. Pelletier, propriétaire et jardinier, avec cette différence, que d'un côté se trouvaient des betteraves et de l'autre des haricots. Le raisin placé très-bas et ainsi protégé était superbe, tandis que partout ailleurs il était perdu. Je ne puis toutefois que poser des règles générales sans pouvoir préciser le mode d'application qui peut varier à l'infini. Je dis donc : Voici le principe, ne vous en écartez pas et le succès est certain. Certes il vaut mieux que, dès le mois de juin, les sarments courent sur la terre que plus tard, parce que, dans cette position, ils seront exempts du fléau lors même que partout autour d'eux il sévirait avec intensité, et que le fruit, bien que près de la terre, ne court aucun risque. En effet, n'est-il pas dans les mêmes conditions que celui des jeunes provins qui en donnent beaucoup et de beaux ? Ne doit-il pas partager leur sort ? C'est aussi ce que l'observation fait reconnaître, contrairement à l'opinion générale que les raisins bas et cachés ne mûrissent pas. Je me suis appliqué à éclairer ce point que je crois résolu ; je l'ai fait contrôler par un grand nombre de personnes capables. Mon excellent confrère, le docteur Leveillé, est venu s'assurer du fait, j'y tenais beaucoup. Partout les raisins touchant le sol et un peu couverts étaient plus avancés vers la maturation que ceux qui étaient élevés et exposés au soleil.

Mais, si la proximité du sol semble hâter la maturation au lieu de la retarder, on ne pourrait pourtant pas laisser, dans la majorité des cas, impunément les raisins sur le sol jusqu'à la vendange, surtout dans les lieux bas, dans les terrains compactes retenant l'eau, et dans les années pluvieuses, car alors il pourrirait. Il fallait donc que je cherchasse à déterminer le moment où il faut le relever, où il devient urgent de le soustraire aux influences qui tendent à l'altérer. Sur ce point, nous croyons être suffisamment éclairés pour assurer que, tant que le raisin est à l'état de verjus, il ne pourrit pas. L'humidité et la chaleur lui sont favorables ; il profite même très-bien, tout en ayant une constitution assez délicate qui exige quelques précautions. Je dis constitution délicate, pour exprimer la pureté de son vert, la finesse de sa peau, la transparence et la limpidité de sa chair.

Il est donc un moment où il devient nécessaire, indispensable de le relever ; ce moment est celui où il est sur le point de tourner, et, selon les étés, arrive du 25 août au 15 septembre. C'est alors qu'il est bon de l'éloigner un peu de terre et de rogner la vigne. Je dis relever un peu, car cette opération, dans la culture habituelle, ne se fait pas toujours impunément ; elle demande des soins, des précautions et un certain faire. J'ai vu des raisins brunis ; j'en ai même vu qui ont été cuits, c'est le mot, pour avoir été trop ou trop promptement découverts par un soleil ardent. On devra donc relever les sarments de manière à soustraire les grappes à l'action de l'humidité de la terre, mais on aura bien soin de ne pas les trop découvrir : pour cela on rognera convenablement la vigne. De cette manière on évitera la pourriture aussi bien que l'action trop puissante des rayons solaires.

On le voit, ce procédé, dont l'efficacité ne saurait être douteuse, n'apporte pas de changements notables dans la culture habituelle de la vigne. C'est déjà, je crois, un avantage assez grand ; mais le plus important c'est qu'au lieu d'augmenter les frais, il tend, dans le plus grand nombre des cas, à les diminuer. Il modifie quelques-unes des façons des mois de juin et juillet ; il conserve l'ébourgeonnage ; il suspend le relevage, le rognage et l'écollage, ne pratique que rarement le binage, qu'il remplace, en cas d'absolue nécessité, par le sarclage à la main. Ce n'est que lorsqu'on craint une infection intense, que l'on couche et que l'on fixe les sarments sur le sol et qu'au besoin on engazonne.

En général ce procédé demande moins de bras et justement dans les mois de la moisson, alors qu'ils sont si nécessaires et parfois si rares. C'est encore un avantage, car les pays vignobles sont généralement pauvres et peu peuplés ; souvent les bras y font défaut, pour rentrer les foins et les blés. Il est vrai que le relevage, le rognage et l'écollage sont reportés vers les premiers jours de septembre, mais alors la moisson est rentrée, et puis ces opérations peuvent être très-bien faites par des femmes ; peut-être est-il des cas où le rognage serait avantageusement pratiqué plus tôt. C'est à l'expérience à le préciser.

Peut-il exister des cas où le simple couchage des sarments sur la terre soit insuffisant ? Je n'en doute pas, surtout dans les lieux où les ceps sont éloignés les uns des autres, peu *feuillés* et le sol sans gazons et sans herbes.

Nos observations et nos expériences ne nous ont-elles pas fait voir que lorsque des sarments couraient isolément sur la terre parfaitement propre, ils pouvaient, quoiqu'à un faible degré, être atteints du mal ? Que des grappes isolées, posant sur la terre propre avaient offert quelques grains supérieurs légèrement malades ! Il se pourrait donc que dans des conditions plus ou moins analogues, sous l'influence d'une infection très-intense aidée par une température et d'autres conditions favorables, le couchage ne préservât pas complétement? C'est pour ces cas rares, exceptionnels, que j'ai conseillé l'engazonnement artificiel, si l'engazonnement naturel faisait défaut. J'avouerai que sur ce sujet je ne suis point encore complétement éclairé. Je sais bien *de la manière la plus positive*, que, même dans les cas les plus graves, l'engazonnement préserve du fléau, l'arrête s'il a déjà paru et même diminue, et fait disparaître les altérations déjà produites dans tout ce qui peut l'être. J'ai fait voir qu'en mettant dans l'herbe des raisins déjà très-malades ils avaient été guéris et n'avaient conservé que les altérations trop profondes, que celles qui avaient changé la nature des tissus. J'ai ajouté qu'à défaut d'herbes je les avais mis dans des sillons ou fosses et qu'à la pelle j'avais répandu dessus un peu de terre; que l'effet en avait été excellent. J'ai dit que l'avoine avait préservé, mais avait nui au développement de la grappe, tandis que des grappes posant sur des touffes de violettes, étaient devenues superbes. Ce sont là des données précieuses fournissant à la thérapeutique des principes généraux rigoureux, incontestables. Mais, pour la pratique, laissant indécis le choix de la plante la plus convenable à l'engazonnement, celle qui garnit le plus, qui vient le plus promptement, qui épuise le moins le sol, qui nuit le moins ou pas du tout à la récolte, à la beauté du fruit. Pour ces cas exceptionnels le temps et l'expérience ont besoin encore de nous éclairer.

M. Pépin m'a indiqué le trèfle rampant, qui vient partout, épuise peu et garnit beaucoup.

Les cas où l'on se verra forcé de recourir à l'engazonnement artificiel paraissent devoir être très-rares, tout à fait exceptionnels ; car, naturellement, dans les vignes il vient trop d'herbes.

Que l'on suive l'indication thérapeutique qui ressort invinciblement de ces faits, et le fléau, qui menace notre industrie vinicole d'une ruine complète, disparaîtra nécessairement faute de conditions favorables à son développement, ou s'il ne cessait complétement il n'aura plus sur les récoltes qu'une influence insignifiante.

Il est dans mes recherches une lacune qu'à mon grand regret je ne puis complétement combler. Il eût été très-important, je l'ai senti depuis longtemps, de déterminer d'une manière exacte l'humidité et la chaleur des milieux où se trouvent les grappes saines et les grappes malades, afin d'arriver à une connaissance aussi exacte que possible des conditions favorables ou contraires au développement du funeste oïdium. Il est encore d'autres études, d'autres recherches intéressantes sur la lumière, l'électricité, etc., qui bien sûrement aussi ne sont pas sans action sur la végétation. Une connaissance approfondie sur cet état des milieux entraînant une si notable différence dans les parties de la vigne qui y vivent ; faisant en quelque sorte la santé des uns et la maladie des autres, ne pourrait manquer de jeter une vive lumière sur des points encore très-obscurs de pathologie et de thérapeutique.

Les travaux de M. Boussingault, de l'Institut, sur l'ammoniaque des eaux météoriques n'y donnent-ils pas un intérêt de plus ? Le carbonate d'ammoniaque étant volatil et soluble passe de la terre à l'air et de celui-ci à la terre. C'est un jeu permanent d'émission à l'état de vapeurs et de retour à l'état de dissolution. M. Boussingault n'a-t-il pas constaté que la rosée en contenait une bien plus grande quantité (six milligrammes par litre et même parfois beaucoup plus) que les eaux météoriques qui n'en contiennent souvent qu'un milligramme tout au plus? L'ammoniaque aurait-elle une influence sur la belle santé des grappes engazonnées? nuirait-elle au développement de l'oïdium? comment agit-elle sur lui tant à l'état de carbonate d'ammoniaque vapeurs qu'à l'état de dissolution? l'absorbe-t-elle? le détruit-elle? ou bien n'a-t-elle sur lui aucune action sensible? Ce sont là des questions du plus haut intérêt.

Si les soins de ma clientèle m'eussent laissé plus de liberté, je les aurais abordées, il y a longtemps, depuis surtout que cette tâche est devenue possible et facile par la connaissance exacte des milieux divers qui font les grappes saines et les grappes malades.

Toutefois, depuis le 30 septembre, j'ai pu faire quelques observations qui, certainement, ne suffisent pas pour en tirer des conclusions rigoureuses; mais qui font voir que, rarement, la chaleur et l'humidité sont égales à la surface de la terre, et à un mètre au-dessus. Le plus souvent, il y a entre elles une différence de plusieurs degrés. La chaleur et l'humidité sont beaucoup plus uniformes à la surface de la terre. Il n'y a pas de ces transitions brusques et extrêmes comme celles observées, par exemple, le 4 octobre dernier :

Un mètre au-dessus du sol, contre-espalier. Six heures du matin, thermomètre centigrade, un demi-degré au-dessous de zéro. Humidité, 50°.

Surface de la terre. Thermomètre centigrade, deux degrés et demi au-dessus de zéro. Hygromètre, 53°.

Dix heures et demie du matin, le soleil donne sur les vignes.

Contre-espalier. Vingt degrés au-dessus de zéro. Hygromètre, 35°. Surface de la terre. Thermomètre, dix degrés au-dessus de zéro. Hygromètre, 45°.

Depuis lors, les différences ont été moins grandes, néanmoins, il y a toujours eu plusieurs degrés de variations. Toujours, à la surface de la terre, l'humidité a été plus forte, et presque toujours la chaleur a été plus grande à un mètre d'élévation. Ce sont des expériences dont je sens toute l'importance que la science devra reprendre dans les mois d'été, au moment surtout que le fléau sévit avec le plus d'intensité. Mais enfin, tout incomplètes qu'elles sont, elles semblent ouvrir une voie nouvelle à l'étude des maladies, et démontrer qu'une différence de quelques degrés de chaleur et d'humidité, etc., suffit pour qu'un fléau aussi terrible que celui dont les vignes sont atteintes, se développe ou n'ait pas lieu.

A. ROBOHAM, D. M. P.

Imprimerie de W. REMQUET et Cie, rue Garancière, 5.

www.ingramcontent.com/pod-product-compliance
Ingram Content Group UK Ltd.
Pitfield, Milton Keynes, MK11 3LW, UK
UKHW021027180726
13838UKWH00004B/1642